BACKSTAGE SECRETS

A Decade Behind the Scenes at the Victoria's Secret Fashion Show

后台秘密

维多利亚的秘密时尚秀

十年后台掠影

Russell James

[澳大利亚] 罗素·詹姆斯

上海社会科学院出版社
SHANGHAI ACADEMY OF SOCIAL SCIENCES PRESS

图书在版编目（CIP）数据

后台秘密 /（澳）罗素·詹姆斯 (Russell James)
著；卢秀钏译. — 上海：上海社会科学院出版社，
2017
书名原文：BACKSTAGE SECRETS
ISBN 978-7-5520-2145-5

Ⅰ.①后… Ⅱ.①罗… ②卢… Ⅲ.①服装表演－介
绍－美国 Ⅳ.①TS942

中国版本图书馆CIP数据核字(2017)第241984号

图字号：09-2017-869

后台秘密

著者：罗素·詹姆斯

翻译：卢秀钏、陈慧慧

策划编辑：应韶荃、克里斯蒂娜·伯恩斯

责任编辑：应韶荃

艺术指导：阿里·弗兰科

设计与排版：董春洁、吉妮、全义连、伊利亚斯·费亚卡、蒂娜·扎巴雷

出版发行：上海社会科学院出版社
　　　　　上海顺昌路622号　邮编200025
　　　　　电话总机021-63315900　销售热线021-53063735
　　　　　http://www.sassp.org.cn　E-mail:sassp@sass.org.cn

印刷：上海中华商务联合印刷有限公司

开本：889×1194mm　1/16开

印张：19

字数：350千字

版次：2017年11月第1版　2017年11月第1次印刷

ISBN:978-7-5520-2145-5/TS.008　　定价：199.00元

INTRODUCTION
引言

世界上最美的女人走过维密的秀台。

维密时尚秀还包括音乐，展示当今最杰出的演艺人。

维多利亚的秘密时尚秀在世界上的观看人数方面无可匹敌。

自 1995 年首秀以来，世界上的顶尖模特和音乐人已经成为这项盛事的一部分。

在 1999 年，维密秀首次在网上公开直播——立刻造成网络崩坏。斯蒂夫·乔布斯（Steve Jobs）把这次事件称作互联网历史上十大开创性事件之一。

在 2000 年，维密秀将阵地转到戛纳电影节（Cannes Film Festival），为电影人抗击艾滋病（Cinema Against AIDS）筹得 350 万美元，打破当时的纪录。

2001 年，维密秀首次在电视联播网广播。

2016 年在巴黎举行的维密秀在全球 190 个国家获得 14 亿人的收视，并在社交媒体上得到 1530 亿次浏览。

这是人们
从未看过的
影像……

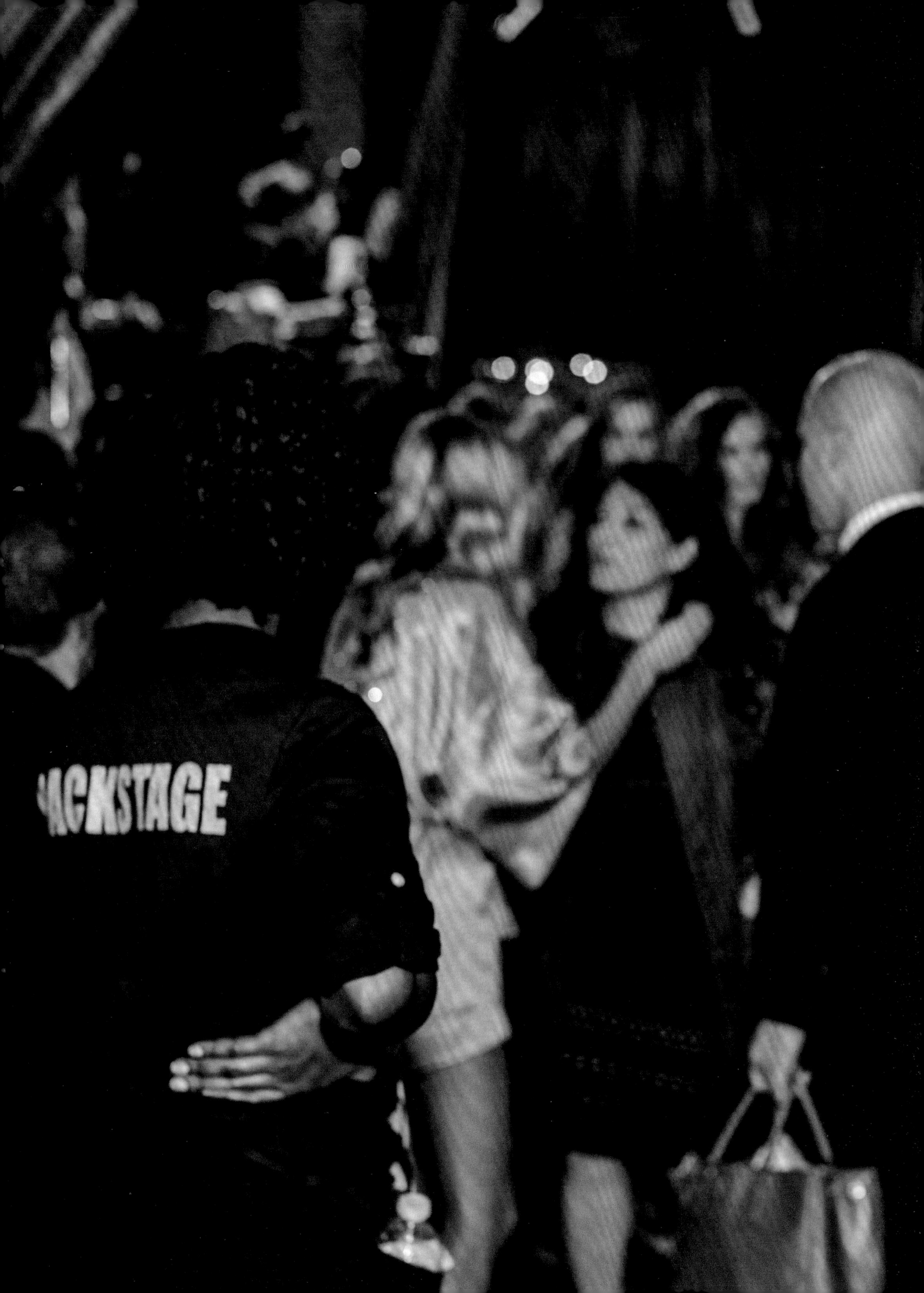
ACKSTAGE

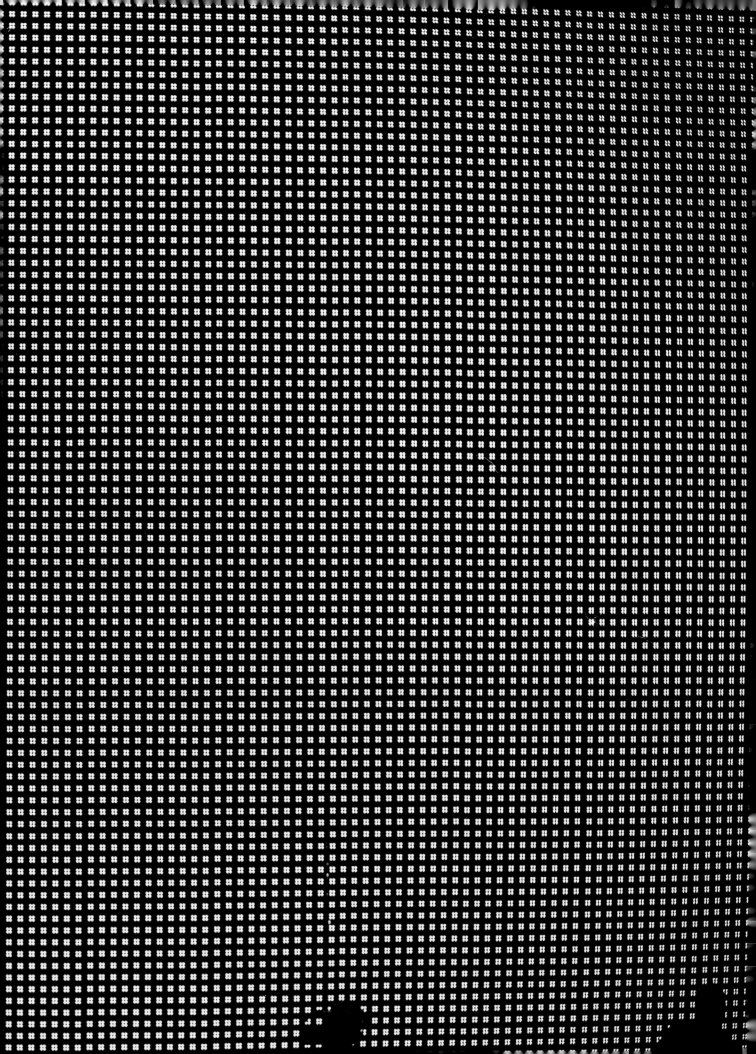

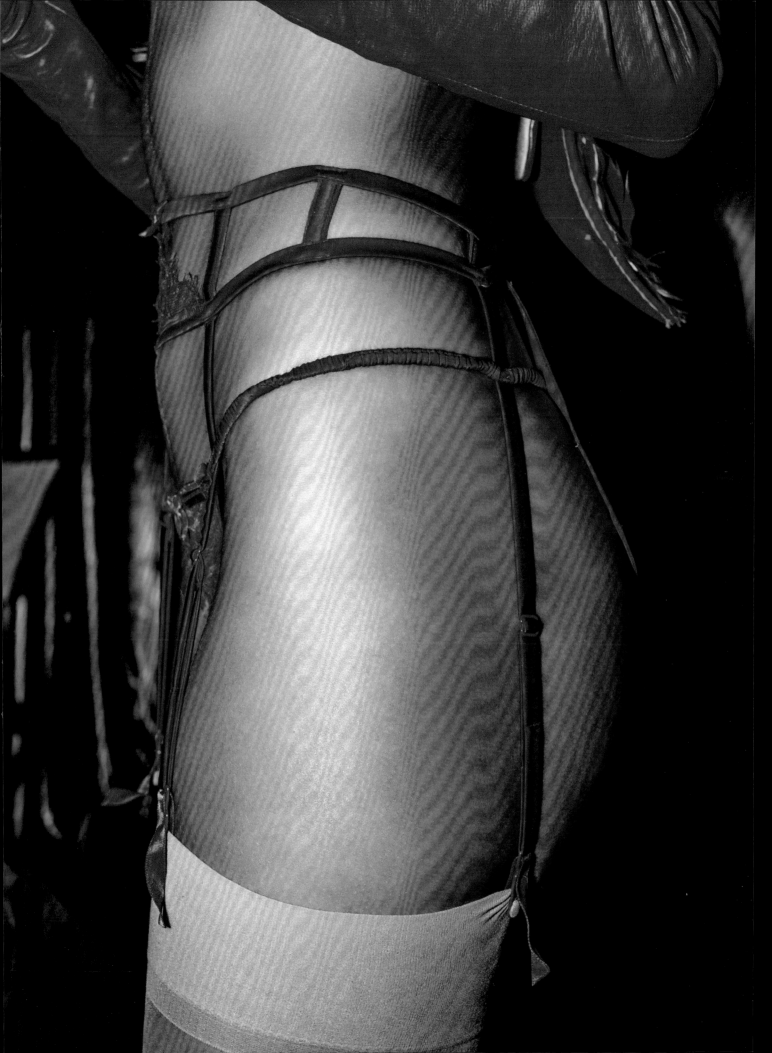

LILY
ALDRIDGE
莉莉·奥尔德里奇

参加维密时尚秀对于每一位模特来说都可谓梦想成真。它对我来说意义非凡，这个意义到了现在甚至比最初还要重大。我现在仍然是维密的一员，仍然是这个品牌的一位大使。对于我来说，这是我的梦想成真。我享受每一个时刻。

大约在十年前，我作为模特第一次参与维密摄影。那时的我激动不已，那可是我的梦想。不过那时的摄影师不是罗素。然后，毫无预兆地，罗素·詹姆斯翩翩而来。我对他崇拜得无以复加。这可是罗素·詹姆斯——那个在幕后，在时尚秀后台进进出出，为吉塞儿，海蒂和泰拉摄影，把她们打造成万人偶像的罗素·詹姆斯啊。那时我就想，"天啊，这个就是我想合作摄影的人！我理想中的摄影师，我想要他在我的身边。"

当我终于开始和罗素一起摄影的时候，我差不多可以说是个邻家女孩。是他牵出了我的另一面，牵出了大牌的感觉。也是在那时候，我的事业开始发生变化。罗素捕捉你最美的一面，让你觉得不可思议。

我的第一次维密秀是在我开始为维密工作了大概三个月之后。首先，维密邀请你参加面试，你要经历一个紧张的过程，做好充分的准备，然后你会走进一个房间，和维密的超级巨星爱德华·拉扎克（Ed Razek）进行面试。每个女孩都想爱德华选她。在面试之后，我获选成为走秀的一员。值得庆幸的是，在第一次走秀之后我就成为了维密天使，因此我只参加了一次面试。虽然我很快就得到了天使的身份，但我在整个过程的每一个阶段都付出了巨大努力：我从成衣模特做起，然后是睡衣，之后是Pink系列，最后才成为天使。

当我作为新人走在我的第一场秀上时，我可谓兴奋异常，激动得和后台的每一个人举手击掌。但在此之前，我并不是一个"时尚"的女孩，走秀对我而言是一个完完全全的新体验。我向一些天使请教如何走秀，她们非常友好，教了我很多技巧。现在当我在秀场见到新人的时候，我会向她们作自我介绍，帮她们放松。我就像坐在一边的拉拉队队员，因为我记得我的第一场秀，我记得我那时有多么兴奋，又有多么紧张。

当我收到我的第一件袍子时，我马上在后台把它穿上，并穿上高跟鞋，那个时候，我想

到的是吉赛尔和海蒂的照片，照片中的她们穿着粉红衣袍，我想象自己也和她们一样魅力四射。每个女孩都想穿着粉红衣袍回到那儿，准备登台。我一直保存着从每一场秀收到的每一件衣袍，终有一天，我会将这些衣袍传给我的女儿。当我看到后台，收到衣袍时，我仍然会感到激动。我为我的衣袍而生。

我们还会收到夹克，并会和所有的天使一起拍大合照。我还记得，当我穿着背上印有"Victoria's Secret"的白色短夹克时，我是有多么兴奋。那一刻，我觉得我成功了。

那一场秀的开场模特是亚历山德拉，她是我的偶像。当终于轮到我上台时，我的双腿就像水泥柱一样沉重。一位制作人不得不轻轻地拍我，因为我完全不能动。我从来没有过这样的体验。当我走在台上，音乐奏起（是我先生的歌Sex on Fire），气球飘然而降，全场都是美丽佳人。他们把我的照片投影到墙上，过渡到Pink环节。我觉得难以置信。我在想："他们怎么会把我的照片放到墙上的？我才刚开始，谁都不认识我呀。"我还记得那时候的心情——那是一种以前从未有过的体验。他们真的从最初就对我充满信心。

我们为了品牌，全年都不断努力，到了走秀开始，则是我们上演好戏的时候。在几个月前，我们就要通过双倍的锻炼和谨慎饮食，为之准备。虽然演出是在十一月，试衣却是从八月开始。我们所有人都想展现最美的一面，所以我们面对试衣就像面对真正的演出一样。我们投入大量训练。就和运动员为重大比赛或赛季开始作准备是一样的。

维密有两场秀。首先是一场预演，我们在预演中会穿着之后要穿的鞋子和翅膀，确保我们穿着这些东西还能走起来。有时翅膀非常重，会让你失去平衡，把你拽倒（我的第一双翅膀重达40磅，但有的甚至更重）。

在首秀开始之前，你要通过面试，然后是做发型和化妆。两场秀中的第一场可以帮助我们解除紧张的感觉，并在第二场秀之前作出调整，让我们能够真正地发光。爱德华·拉扎克会在后台向大家讲话，这个时刻总是非常感人，让我们体会到能够参与走秀有多么难得，只有非常少的女孩有这样的机会，我们又是应该如何为自己感到骄傲。他的讲话总是会把女孩们惹哭，并破坏我们的妆容。直到第二场秀结束，我才会感到完满。

维密耗费大量的时间策划所有的造型和主题，每一年都比上一年做得好。所有的材料，包括施华诺世奇水晶，钻石，珠宝，蕾丝和人造皮，和维密一起创造美丽梦幻的场景。往往是一场秀还没结束，他们马上开始准备下一场。

我有过许多造型，每一个都非常美艳。在一场纽约秀中，我在"伦敦的呼唤"（London Calling）环节作为最后一个模特登场。我的造型是摇滚天使，穿着墨黑的翅膀和一套摇滚格子套装，格子胸罩，格子短裙，全部都是格子！次年的秀场则在伦敦，那是我第一次和品牌一起出行，也是我第一次有两个造型，我觉得自己就像老手一样。其中一个造型是浅蓝色蕾丝搭配大粉红人造毛绒球，深得我的喜爱。在2015年，我穿上了梦幻胸罩（Fantasy Bra），对我来说那既是一个重要

的时刻，也让我深感荣幸。当我在巴黎作为压轴登场，我穿的是华美的灰色蕾丝套装配水晶翅膀——那是我曾经有过从头到脚最让人惊艳的一个造型。

最有趣的是，他们在后台不会放很多镜子。后台只有两面小镜子，所以女孩们会在更衣室排起长队，想要确保没有任何出错，也想看看自己的造型。有些女孩需要为不同环节换造型，但是时间却不多，特别是当我们戴着珠宝但又要脱下翅膀的时候，时间就更紧了。所以后台还有快速更衣室。当我们结束了第一个环节从台上走下来时，我们马上就走到这个小小的更衣室更衣，然后立刻又跑出来。后台所散发出来的能量以及你能够看到的所有翅膀真的太有趣了。女孩们的翅膀到处都是，有时还会拍到你的脸上——或者你自己的翅膀拍到其他女孩的脸上——而你什么都看不到。在我最初的几年，罗西在我之后出场，她穿着这些金属翅膀开心地跳舞，这些金属翅膀则不断地拍到我。那时我在想，"天啊！罗西的翅膀不断地拍到我。好赞！"

有时维密希望我们魅惑全场，有时他们希望我们化少点妆；有时我们的发型很夸张，有时我们的发型很简约。但最终，维密会让你按你觉得最美的方式来。有一年，维密有一个"无闪粉"政策，于是所有的女孩都很不开心。我们说："这可是维多利亚的秘密，我们的身上得有闪粉才是！"其中一位不透露名字的天使偷偷带了一瓶闪粉进场，我们全都走到女洗手间，互相为大家抹上闪粉。在伦敦秀，他们不想让女孩们用假眼睫毛，但那年我的朋友泰勒·斯威夫特（Taylor

Swift）是演出嘉宾，所以当我们都在后台的时候，我偷偷用了她的假眼睫毛。

维密秀的每一个人都是这个大家庭的一分子，我们所有人都因为这个特别的日子而紧密相连。Lady Gaga和泰勒给大家都带了礼物。Lady Gaga真的太用心了。她耐心地在后台等我们每一位，然后亲手给每个女孩送上一朵玫瑰，还给大家带了马卡龙和曲奇。模特，演出嘉宾以及罗素，因为维密秀，彼此之间产生了深深的情谊。

每当女孩们在后台看到罗素，所有人都会非常兴奋，因为我们都很爱他，并且我们都知道他拍的照片是最棒的，所以大家都想博得他的注意。罗素的照片极具个性，堪称典范，而且美不胜收，比如说吉赛尔穿鞋的那张，或者海蒂在衣袍上打结的那张。他给我们拍的照片从来不差——他总是以最有品味的方式让你看起来华美，优雅而且性感。

罗素是迷人的，让你能够信他，爱他。罗素让我想到自己；他的个性有些像迪士尼卡通形象高飞，很会搞笑，充满生命力。但当他工作的时候，你又会看到他的另一面。他会让你在放心和安心的情况下，让别人看到你不同的一面。我愿意为罗素做任何事，也愿意为他到任何地方。他是一个正直的人，是我喜欢交往的那种人。

后台常常混乱无序。但罗素能够自由出入后台，捕捉女孩拥抱，哭泣的这些亲密的时刻，我们甚至注意不到他的存在——但他总是在对的时候出现在对的地方。因为我们和品牌对他都非常信任，也因为我们知道他会

用最美的方式捕捉我们，所以他可以看到这些珍贵的内幕。他所捕捉的时刻非常私密，让你可以看到别人生活中的真实样子。

有一张照片让我特别感动——我的身后飘扬着巨大的美国国旗，我将要走上T型台，乐队显现在背景中，那是全世界即将要见到我的一个瞬间。那是别人都没有机会看到的一个特别，私密的瞬间。他总能捕捉到这样的瞬间。

我记得第一次在后台用Instagram，人人都因此非常兴奋。在此之前，人们只能看到演出和舞台的照片，他们并不能真正感受后台的体验，但那却是整个体验中非常大的一块。不过，罗素的相机不是任何人的手机可以媲美的——他的照片所激发出来的情感完全不同于自拍，直播，或是更加短暂的其他什么。

与自拍不同，你看到的是一个女孩的美丽一刻，这是你永远看不厌的东西。这是你会挂在墙上的摄影作品，这是艺术。

正是这些瞬间让你惊艳不已。明星力量，美人，随处都是的翅膀，所有一切都是如此有标志性。

KARLIE KLOSS

卡莉·克劳斯

走维密秀对于任何模特来说都是事业上的一个尖峰时刻。伴随维密秀体验而来的不仅仅有丰厚的遗赠和无上的荣耀，还会让你对此前披着翅膀走过标志性通道的坚强女性产生深深的敬意。在我梦想成为维密模特之前，我和姐妹们在电视上看到幕后的风光和混乱。在过去的20年来，我所崇拜的时尚偶像大多走过了维密秀的走道，因此亲身获得这一体验对于我来说更加令人激动和富有意义。

后台的能量无法否认：秀前每周，每日，每小时的肾上腺素，激动和渴望，是最令人折磨的感受。然后，你踏上舞台，走进令人振奋的梦幻世界。这一时刻是如此让人难忘，

却又在一片混沌中一闪而过。这，正是罗素作品如此特别的原因。

与全球播出形成对比的是，后台有许多无价的时刻，是世人将无法看到的。这些正是罗素要捕捉的——他让你窥见混乱，让你好奇。透过镜头，罗素将世人带到后台。我对此深怀感激，因为正是这样，我才有机会通过他拍摄的影像，看到眨眼就逝去的时刻；因为当你处于忙乱之中，你很容易陷于其中。罗素所拍的照片，每一张都带着他的幽默，热情和欢乐。在这样的紧张之中，他却能保持镇定，并让别人放下戒备，甚至开怀大笑。他有着不可思议的天赋。

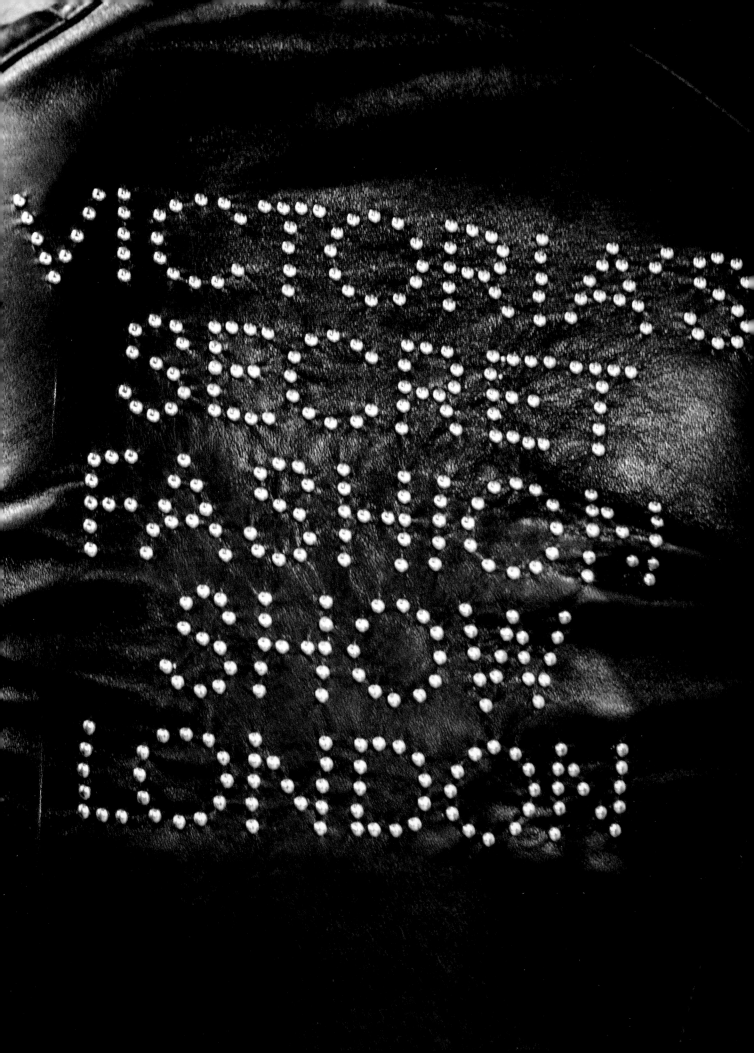

THE WOMEN WHO HAVE WALKED THE VICTORIA'S SECRET RUNWAY

维多利亚的秘密时尚秀
历年走台的超模

阿比·丽·科尔莎 | Abbey Lee Kershaw, 2008 – 2009

艾登·柯蒂斯 | Aiden Curtiss, 2017

阿德瑞娜·利玛 | Adriana Lima, 1999 – 2008, 2010 – 2017

阿尤玛·纳森亚娜 | Ajuma Nasenyana, 2006

阿兰娜·艾琳顿 | Alanna Arrington, 2016 – 2017

阿莱西娅·莫莱丝 | Alecia Morais, 2017

艾莉克·慧克 | Alek Wek, 2001

亚历桑德拉·安布罗休 | Alessandra Ambrosio, 2000 – 2017

艾丽西那·格拉汉姆 | Alexina Graham, 2017

阿米尔娜·埃斯特旺 | Amilna Estevão, 2017

阿米娜塔·妮阿瑞亚 | Aminata Niaria, 2009

安娜·贝琪兹·巴罗斯 | Ana Beatriz, 2002 – 2003, 2005 – 2006, 2008 – 2009

安娜·克劳迪娅·米歇尔 | Ana Cláudia Michels, 1999 – 2000

安娜·希克曼 | Ana Hickmann, 2002

阿娜依斯·玛丽 | Anais Mali, 2011

安娜斯塔西娅·库兹奈索娃 | Anastasia Kuznetsova, 2009

安蒂·缪伊斯 | Andi Muise, 2005 – 2007

安吉拉·林德沃 | Angela Lindvall, 2000, 2003, 2005 – 2008

安吉莉卡·博斯 | Angelica Boss, 1998

安格莉卡·卡利奥 | Angelika Kallio, 1995

安雅·卢比可 | Anja Rubik, 2009 – 2011

安娜·雅高冼思嘉 | Anna Jagodzińska, 2009

安妮·芙雅利茨娜 | Anne Vyalitsyna, 2008, 2010 – 2011

安妮·莫顿 | Annie Morton, 1998

阿努克·莱柏 | Anouck Lepère, 2001

阿莱尼斯·索萨 | Arlenis Sosa, 2008

阿斯特丽德·穆诺兹 | Astrid Muñoz, 1998

奥德莉·梅兰妮 | Audrey Marnay, 2001

奥丽莉娅·克劳黛 | Aurélie Claudel, 2000 – 2001

芭芭拉·菲亚略 | Barbara Fialho, 2012 – 2017

芭芭拉·帕尔文 | Barbara Palvin, 2012

贝哈蒂·普林斯露 | Behati Prinsloo, 2007 – 2016

贝拉·哈迪德 | Bella Hadid, 2016 – 2017

贝弗莉·皮尔 | Beverly Peele, 1995 – 1996

比安卡·巴尔蒂 | Bianca Balti, 2005

布兰卡·帕迪拉 | Blanca Padilla, 2014, 2017

布莱克叶·海楠 | Bregje Heinen, 2011 – 2012, 2014

布里吉特·霍尔 | Bridget Hall, 1998, 2001 – 2002

布丽姬·马尔科姆 | Bridget Malcolm, 2015 – 2016

布鲁克·佩里 | Brooke Perry, 2016

布鲁娜·里芮 | Bruna Lírio, 2015, 2017

凯特芮娜·巴尔夫 | Caitriona Balfe, 2002

卡梅伦·鲁塞尔 | Cameron Russell, 2011 – 2012

卡米尔·罗梅 | Camille Rowe, 2016

坎蒂丝·斯瓦内普尔 | Candice Swanepoel, 2007 – 2015, 2017

卡拉·迪瓦伊 | Cara Delevingne, 2012 – 2013

卡门·凯丝 | Carmen Kass, 1999 – 2000, 2002 – 2003, 2008

卡洛琳·布拉什·内尔森 | Caroline Brasch Nielsen, 2011, 2013

卡洛琳·里贝罗 | Caroline Ribeiro, 2000 – 2002

卡罗琳·特提妮 | Caroline Trentini, 2005 – 2006, 2009

卡罗琳·温伯格 | Caroline Winberg, 2005 – 2011

卡丽·萨蒙 | Carrie Salmon, 1996 – 1998

凯瑟琳·麦考德 | Catherine McCord, 1995 – 1996

钱德拉·诺丝 | Chandra North, 1997 – 1998

夏奈尔·伊曼 | Chanel Iman, 2009 – 2011

克里斯托·圣·路易斯·奥古斯丁 | Chrystèle Saint Louis Augustin, 1998

辛迪·布鲁纳 | Cindy Bruna, 2013 – 2017

克拉拉·阿隆索 | Clara Alonso, 2008

克劳迪娅·希弗 | Claudia Schiffer, 1997

康士坦茨·雅布伦斯基 | Constance Jablonski, 2010 – 2015

丹妮拉·布拉加 | Daniela Braga, 2014 – 2017

丹妮拉·普斯特娃 | Daniela Peštová, 1998 – 2001

丹妮塔·安吉尔 | Danita Angell, 2000

达莎·赫雷斯通 | Dasha Khlystun, 2017

迪安娜·米勒 | Deanna Miller, 2003

德文·温莎 | Devon Windsor, 2013 – 2017

黛维·卓根 | Dewi Driegen, 2002 – 2003

狄安娜·梅萨罗斯 | Diána Mészáros, 2001

迪隆 | Dilone, 2016 – 2017

多萝西娅·巴思·乔根森 | Dorothea Barth Jörgensen, 2009, 2012

杜晨·科洛斯 | Doutzen Kroes, 2005 – 2006, 2008 – 2009, 2011 – 2014

艾迪塔·维尔珂薇楚泰 | Edita Vilkevičiūtė, 2008 – 2010

伊莉斯·克劳姆贝兹 | Élise Crombez, 2006 – 2007

埃尔莎·贝尼特斯 | Elsa Benítez, 1997, 1999

艾尔莎·霍斯卡 | Elsa Hosk, 2011 – 2017

伊莉丝·泰勒 | Elyse Taylor, 2009

伊玛努埃拉·德·保拉 | Emanuelade Paula, 2008, 2010 – 2011

艾玛·赫明 | Emma Heming, 2001

艾妮可·米哈利克 | Enikő Mihalik, 2009, 2014

艾琳·希瑟顿 | Erin Heatherton, 2008 – 2013

艾琳·沃森 | Erin Wasson, 2007

陈瑜 | Estelle Chen, 2017

伊瑟·肯娜达 | Esther Cañadas, 1997

欧亨尼娅·席尔瓦 | Eugenia Silva, 1998 – 1999

尤金尼娅·沃洛丁娜 | Eugenia Volodina, 2002 – 2003, 2005, 2007

伊娃·赫兹格娃 | Eva Herzigová, 1999 – 2001

菲比亚娜·姗普勃姆 | Fabiana Semprebom, 2010

费尔南达·塔瓦雷斯 | Fernanda Tavares, 2000 – 2003, 2005

芙拉维亚·德·奥利维拉 | Fláviade Oliveira, 2006 – 2008, 2010 – 2011

弗莱维娅·卢奇尼 | Flávia Lucini, 2015 – 2016

法兰基·蕾德尔 | Frankie Rayder, 1999 – 2000, 2002 – 2003

弗雷德里克·范德瓦尔 | Frederique van der Wal, 1995 – 1997

弗里达·奥森 | Frida Aasen, 2017

弗丽达·古斯塔夫松 | Frida Gustavsson, 2012

盖尔·艾略特 | Gail Elliott, 1995

乔治亚·福勒 | Georgia Fowler, 2016 – 2017

乔治娅娜·罗伯逊 | Georgianna Robertson, 1997

吉吉·哈迪德 | Gigi Hadid, 2015 – 2016

吉赛尔·邦辰 | Gisele Bündchen, 1999 – 2006

吉泽勒·奥利维拉 | Gizele Oliveira, 2017

格蕾丝·波儿 | Grace Bol, 2017

格蕾丝·伊丽莎白 | Grace Elizabeth, 2016 – 2017

格蕾丝·玛哈利 | Grace Mahary, 2014

格雷西·卡瓦略 | Gracie Carvalho, 2010, 2015

哈娜·索库波娃 | Hana Soukupová, 2006 – 2007

哈林恩·科恩 | Haylynn Cohen, 2000

希瑟·马克斯 | Heather Marks, 2006

希瑟·佩恩 | Heather Payne, 1998

海蒂·克鲁姆 | HeidiKlum, 1997 – 2005, 2007 – 2009

海伦娜·巴奎拉 | Helena Barquilla, 1995

海莲娜·克里斯汀森 | Helena Christensen，1997 – 1998
海洛伊丝·盖琳 | Héloïse Guérin，2010
何瑞丝·保罗 | Herieth Paul，2016 – 2017
希拉里·罗达 | Hilary Rhoda，2012 – 2013
霍莉亚妮·莱纳德 | Hollyanne Leonard，1999
耶娃·拉古娜 | Ieva Lagūna，2011 – 2014
伊曼·海蒙 | Imaan Hammam，2014
伊内斯·里韦罗 | Inés Rivero，1998 – 2001
因加·萨维茨 | Inga Savits，2002
英格丽·塞纳夫 | Ingrid Seynhaeve，1995，1997，2000
茵古娜·布塔内 | Ingūna Butāne，2005，2007 – 2008
伊莉娜·邦达连科 | Irina Bondarenko，1998
伊莉娜·莎拉波娃 | Irina Sharipova，2014，2017
伊莉娜·莎伊克 | Irina Shayk，2016
伊莎贝莉·芳塔娜 | Isabeli Fontana，2003，2005，2007 – 2010，2012，2014
伊莎贝儿·歌勒 | Izabel Goulart，2005 – 2016
莫妮卡·雅克 | Monika Jagaciak，2013 – 2016
杰奎琳·雅布龙斯基 | Jacquelyn Jablonski，2010 – 2015
杰奎塔·维勒 | Jacquetta Wheeler，2003
杰米·金 | Jaime King，1998 – 1999
杰米·李·达利 | Jamie Lee Darley，2009
贾丝明·图克 | Jasmine Tookes，2012 – 2017
杰萨·契米娜佐 | Jeísa Chiminazzo，2006
杰西卡·克拉克 | Jessica Clarke，2011
杰西卡·哈特 | Jessica Hart，2012 – 2013
杰西卡·史丹 | Jessica Stam，2006 – 2007，2010
杰西卡·怀特 | Jessica White，2007
琼·斯莫斯 | Joan Smalls，2011 – 2016
约瑟芬·斯可瑞娃 | Josephine Skriver，2013 – 2017
卓丹·邓 | Jourdan Dunn，2012 – 2014
乔丹娜·菲利普斯 | Jourdana Phillips，2016 – 2017
茱莉亚·贝亚科娃 | Julia Belyakova，2017
茱莉亚·斯黛娜 | Julia Stegner，2005 – 2011
凯伦·艾尔森 | Karen Elson，2001
凯伦·穆德 | Karen Mulder，1996 – 2000
卡莉·克劳斯 | Karlie Kloss，2011 – 2014，2017
卡门·琵达露 | Karmen Pedaru，2011
卡罗莱娜·科库娃 | Karolína Kurkova，2000 – 2008，2010
卡莎·斯图拉斯 | Kasia Struss，2013 – 2014
凯特·格莉格里艾娃 | Kate Grigorieva，2014 – 2017
凯蒂·怀德 | Katie Wile，2007
卡西亚·辛格勒维奇 | Katsia Zingarevich，2010
卡蒂亚·施凯齐纳 | Katya Shchekina，2006
可可·琳格 | Keke Lindgard，2016
凯莉·盖尔 | Kelly Gale，2013 – 2014，2016 – 2017
肯达尔·詹娜 | Kendall Jenner，2015 – 2016
凯瑞·克劳森 | Keri Claussen，1995，1997 – 1998
琪拉雅·卡布库如 | Kiara Kabukuru，1999
科斯蒂·休姆 | Kirsty Hume，1999
凯莉·比苏蒂 | Kylie Bisutti，2009
蕾蒂西娅·卡斯特 | Laetitia Casta，1997 – 2000
拉斯·奥丽维拉 | Lais Oliveira，2016
莱斯·里贝罗 | Lais Ribeiro，2010 – 2011，2013 – 2017
拉麦卡·福克斯 | Lameka Fox，2016 – 2017
劳拉·斯通 | Lara Stone，2008
蕾拉·内达 | Leila Nda，2015，2017
蕾兰妮·毕晓普 | Leilani Bishop，1995 – 1996，1999
莱奥梅·安德森 | Leomie Anderson，2015 – 2017
莱蒂西亚·伯克胡尔 | Letícia Birkheuer，2002 – 2003
莉莉·奥尔德里奇 | Lily Aldridge，2009 – 2017
丽丽·唐纳森 | Lily Donaldson，2010 – 2016
琳赛·艾林森 | Lindsay Ellingson，2007 – 2014
琳赛·弗兰玛迪特 | Lindsay Frimodt，2002 – 2003
刘雯 | Liu Wen，2009 – 2012，2016 – 2017
莉亚·科贝德 | Liya Kebede，2002 – 2003
卢马·葛罗斯 | Luma Grothe，2016
琳赛·斯科特 | Lyndsey Scott，2009
玛德莲娜·弗莱克维亚 | Magdalena Frackowiak，2010，2012 – 2016
玛格达莱娜·洛贝尔 | Magdalena Wróbel，1995
玛吉·莱恩 | Maggie Laine，2016 – 2017
玛姬·瑞泽 | Maggie Rizer，2001
玛莱卡·弗思 | Malaika Firth，2013
玛赛拉·碧塔 | Marcelle Bittar，2003
玛格丽塔·斯韦格戴特 | Margarita Svegzdaite，2003
玛丽亚·博尔赫斯 | Maria Borges，2013 – 2017
玛丽亚·乌约维奇 | Marija Vujović，2005，2007
玛丽莎·米勒 | Marisa Miller，2007 – 2009
玛莎·亨特 | Martha Hunt，2013 – 2017
玛莎·斯特莱克 | Martha Streck，2010
玛丽娜·琳查 | Maryna Linchuk，2008 – 2011，2013
莫德·维尔森 | Maud Welzen，2012，2014 – 2016
玛约瓦·尼古拉斯 | Mayowa Nicholas，2017
梅根·普勒丽 | Megan Puleri，2015
梅根·威廉姆斯 | Megan Williams，2016 – 2017
米谢拉·科夏诺娃 | Michaela Kocianova，2007
米歇尔·阿尔弗斯 | Michelle Alves，2002 – 2003
奚梦瑶 | Ming Xi，2013 – 2017
米妮·安登 | Mini Andén，2000 – 2001，2003
米兰达·可儿 | Miranda Kerr，2006 – 2009，2011 – 2012
莫莉·西姆斯 | Molly Sims，2001
莫妮卡·雅克 | Monika Jagaciak，2013 – 2015
摩根·杜布莱德 | Morgane Dubled，2005 – 2008
米卡·邓克尔 | Myka Dunkle，1998
娜丁·利奥波德 | Nadine Leopold，2017
纳丁·斯特里特 | Nadine Strittmatter，2002
娜奥米·坎贝尔 | Naomi Campbell，1996 – 1998，2000，2002 – 2003，2005
纳坦妮·爱德考克 | Natane Adcock，1995，1998 – 1999
娜塔莎·波莉 | Natasha Poly，2005 – 2006
诺米·勒努尔 | Noémie Lenoir，2007 – 2008
奥拉琪·昂维巴 | Oluchi Onweagba，2000，2002 – 2003，2005 – 2007
欧玛依拉·莫塔 | Omahyra Mota，2001
波林·瓦罗 | Pauline Hoarau，2015
瑞秋·希尔伯特 | Rachel Hilbert，2015 – 2016
拉奎尔·齐默曼 | Raquel Zimmermann，2002，2005 – 2006
丽贝卡·罗梅恩 | Rebecca Romijn，1995，1997 – 1998
瑞卡·伊贝尔基尼 | Reka Ebergenyi，2002
蕾娅·达勒姆 | Rhea Durham，2000 – 2001
丽·拉丝姆森 | Rie Rasmussen，2001
罗梅·埃利斯 | Romee Strijd，2014 – 2017
罗丝玛瑞金·德·科克 | Roosmarijn de Kok，2017
罗西·汉丁顿·惠特莉 | Rosie Huntington-Whiteley，2006 – 2010
萨麦尔·伯曼奈利 | Samile Bermannelli，2017
桑尼·弗洛特 | Sanne Vloet，2015 – 2017
莎拉·桑帕约 | Sara Sampaio，2013 – 2017
萨拉·斯黛芬丝 | Sarah Stephens，2008
赛丽塔·伊班克斯 | Selita Ebanks，2005 – 2010
赛斯丽·洛佩兹 | Sessilee Lopez，2008 – 2009
沙妮娜·珊克 | Shanina Shaik，2011 – 2012，2014 – 2016
姗兰·克里克 | Shannan Click，2008 – 2011
莎朗·狄尼兹 | Sharam Diniz，2012，2015
秦舒培 | Shupei Qin，2012
西格莉德·阿格伦 | Sigrid Agren，2013 – 2014
斯特拉·麦克斯韦 | Stella Maxwell，2014 – 2017
史蒂芬妮·西摩 | Stephanie Seymour，1995 – 2000
何穗 | Sui He，2011 – 2017
塔迪亚娜·科维琳娜 | Tatiana Kovylina，2005，2009
泰勒·玛丽·希尔 | Taylor Marie Hill，2014 – 2017
托妮·伽恩 | Toni Garrn，2011 – 2013
翠西亚·希弗 | Tricia Helfer，1997 – 1998
曲斯·高芙 | Trish Goff，1999 – 2001
泰拉·班克斯 | Tyra Banks，1996 – 2005
约瓦拉·瑞特 | Ujjwala Raut，2002 – 2003
瓦勒丽亚·玛扎 | Valeria Mazza，1998
瓦莱丽·琼 | Valerie Jean，1995
瓦莱丽·考夫曼 | Valery Kaufman，2015 – 2016
瓦妮莎·穆迪 | Vanessa Moody，2017
温德拉·科斯伯姆 | Vendela Kirsebom，1997
薇诺妮卡·韦伯 | VeronicaWebb，1995 – 1996
维多利亚·李 | Victoria Lee，2017
维塔·西多奇娜 | Vita Sidorkina，2015
雎晓雯 | Xiaowen Ju，2016 – 2017
谢欣 | Xin Xie，2017
亚思敏·盖瑞 | Yasmeen Ghauri，1996 – 1997
伊弗科·斯特姆 | Yfke Sturm，2002，2005
兰波由美 | Yumi Lambert，2014 – 2016
祖丽·蒂比 | Zuri Tibby，2016 – 2017

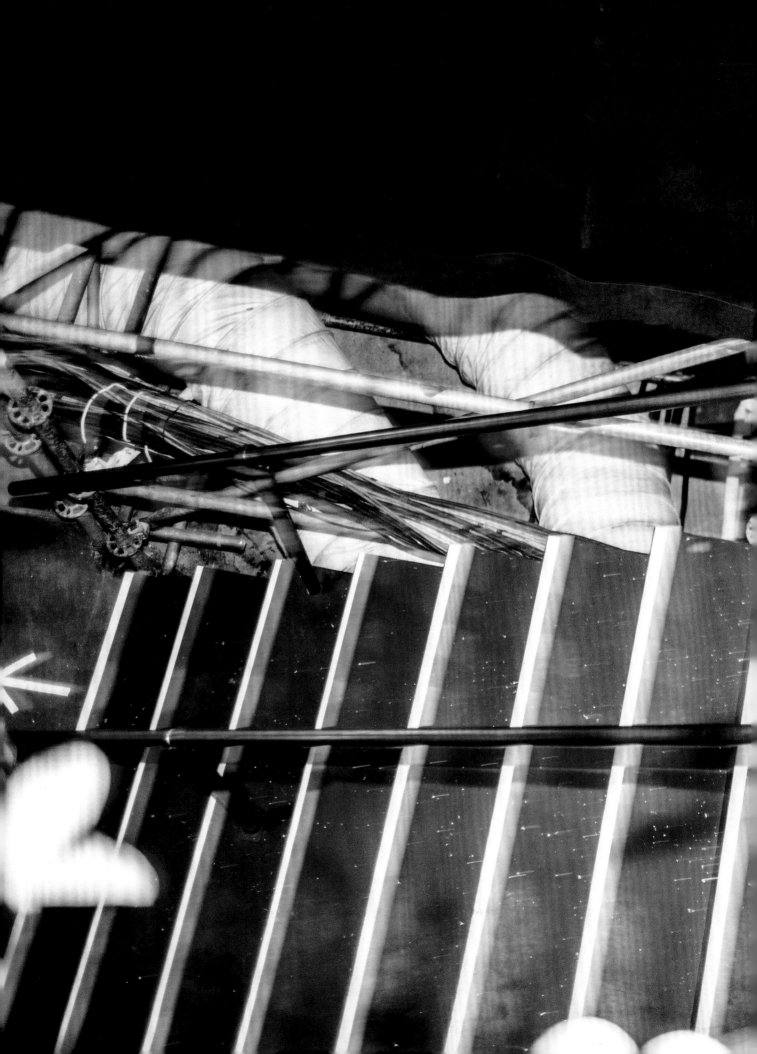

MIRANDA KERR

米兰达·可儿

"让你的小小光芒也发热，发亮！"

这是我的妈妈经常挂在嘴边的话，也是我第一次参加维多利亚的秘密时尚秀时产生的想法。

维密秀的体验是一种前所未有的梦幻。我永远不会忘记第一次踏上秀场走道的那股激动劲。在踏上走道之前，我没有丝毫感到紧张——但在我迈进走道的一刹那，我忽然就像被雷电击中一般。我记起妈妈的话，并对自己说："享受当下，好好玩吧。"

我的紧张没有持续很久。在我看到大家，看到他们的互动以及对模特有么支持之后，我想，"我要和大家一起好好玩！"

于是，我决定打开心扉，放松心情，发出光芒，完全沉浸在当下。打定主意之后，我真的全身心完全享受其中。

维密时尚秀有许多非凡的元素：服装，灯光，音乐以及舞台上的演艺人员。这么多的人一起成为一个团队，通力合作。大家众志成城，完美无瑕地完成维密秀，真的非常让人振奋。

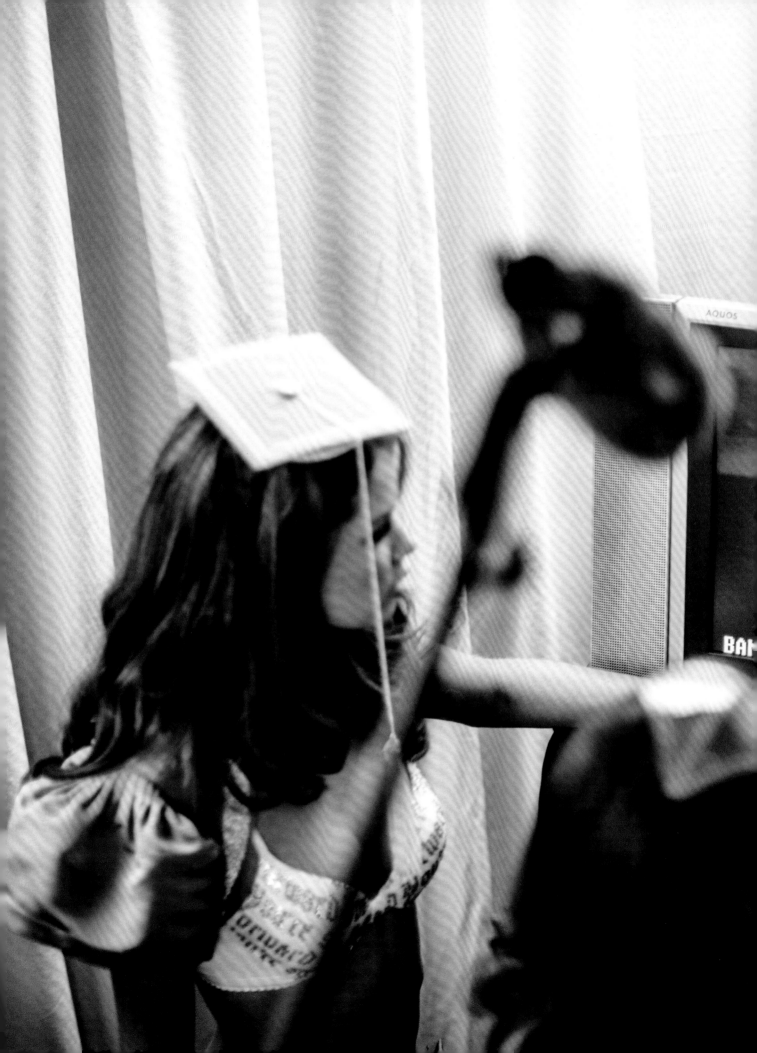

LIU WEN
刘 雯

2005年，我在网上第一次看了维密时尚秀。洁白的翅膀，豪华的多层舞台，美妙的音乐，令人眼花缭乱的转播切换，这些都让我非常震撼。

维密秀离我的家乡很远。我的老家湖南永州靠山依水，是一个美丽安静的城市，最重要的是还有很多美食。

在生活中，你永远不会知道你正在做的事情将会如何改变你未来的轨迹，所以我将每个时刻都看得很重要。我的父母那时觉得我有点驼背，希望我参加模特比赛，通过赛前的形体培训矫正形体。就这样，我开始了职业模特的生涯。2007年我第一次为杂志摄制照片，拍杂志封面照片的经历让我觉得自己很重要，人生就像翻开了一个新的篇章。第二年，我开始走四大时装周。但即使是那时候，我也没有想到我会开始在世界范围闯荡，我只是觉得自己很幸运。

2009年我第一次去纽约工作，同年我第一次走维密。穿着散发强烈未来感的翅膀，我的内心无比紧张。我还记得第一次收到面试通告，我简直不敢相信他们会叫我过去，毕竟我那时对自己还不是很自信。但整个经历教会了我，有自信，别人才会选择你。

我第一次遇见罗素是2009年在维密时尚秀的后台，后来才知道，之前看到的很多维密照片原来都是他拍的。罗素是一个非常有意思的人。我每次见到他，他都穿着一双人字拖在工作，这是因为他要在最放松的状态下为拍摄对象拍出他们最放松的一刻，就像你的密友给你拍照一样。

现在大家都会把我第一次走维密时尚秀当作是我很重要的一次经历，并且会常常提起。对于我来说，那是我的第一次，我仅仅是觉得幸运，把它看作是对自己的一个挑战。这不仅仅是一次走秀，还是一场表演，你得最大限度地表达情绪和态度。

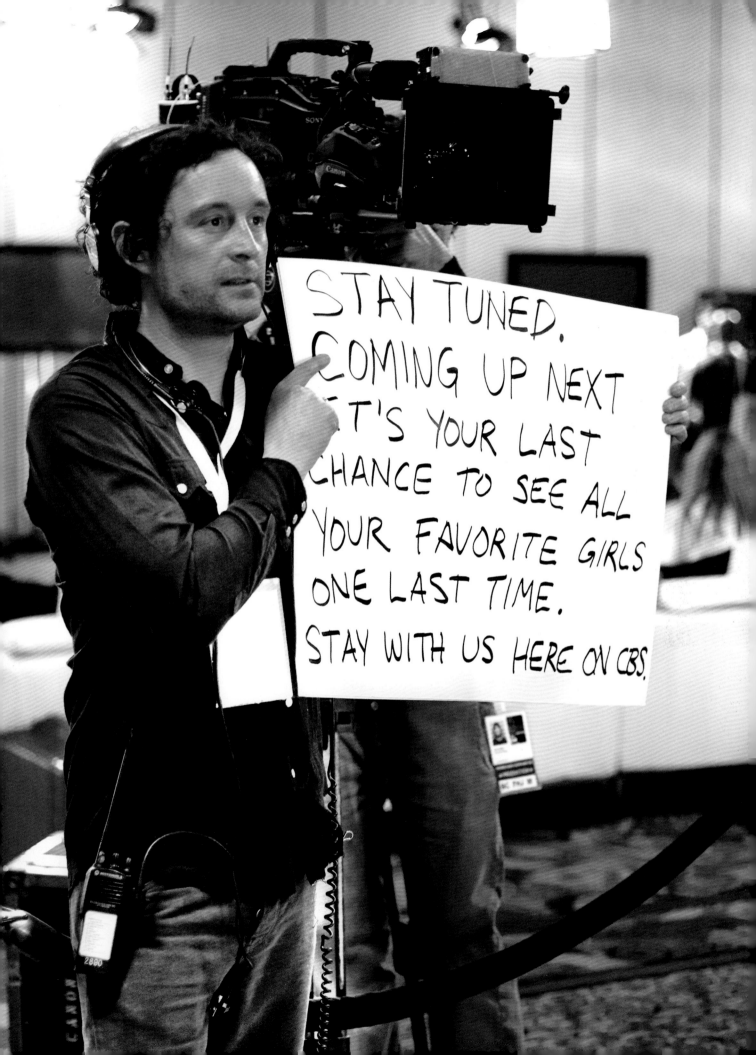

SINCE 2001 THE TOP MUSIC ENTERTAINERS HAVE PERFORMED LIVE DURING THE VICTORIA'S SECRET FASHION SHOW

顶级音乐人表演
助兴维多利亚的秘密时尚秀

2001 玛丽·简·布莱姬 | Mary J. Blige、安德烈·波切利 | Andrea Bocelli

2002 天命真女 | Destiny's Child、马克·安东 | Marc Anthony、菲尔·科林斯 | Phil Collins

2003 斯汀 | Sting、玛丽·简·布莱姬 | Mary J. Blige、伊芙 | Eve

2005 克里斯·伯蒂 | Chris Bottie、瑞奇·马丁 | Ricky Martin、席尔 | Seal、罗格斯大学鼓乐队 | Rutgers University Drumline

2006 贾斯汀·汀布莱克 | Justin Timberlake

2007 辣妹组合 | Spice Girls、小威廉·詹姆斯·亚当斯 | Will. I. Am、席尔 & 海蒂·克鲁姆 | Seal and Heidi Klum

2008 亚瑟小子 | Usher、乔治·莫莱诺 | Jorge Moreno

2009 黑眼豆豆 | The Black Eyed Peas

2010 凯蒂·佩里 | Katy Perry、阿肯 | Akon

2011 魔力红乐队 | Maroon 5、坎耶·维斯特 | Kanye West、Jay-Z、妮琪·米娜 | Nicki Minaj

2012 蕾哈娜 | Rihanna、贾斯汀·比伯 | Justin Bieber、布鲁诺·马尔斯 | Bruno Mars

2013 泰勒·斯威夫特 | Taylor Swift、翻闹小子 | Fall Out Boy、霓虹灯丛林组合 | Neon Jungle、
　　　大世界乐队 | A Great Big World、罗格斯大学鼓乐队 | Rutgers University Drumline

2014 泰勒·斯威夫特 | Taylor Swift、艾德·希兰 | Ed Sheeran、爱莉安娜·格兰德 | Ariana Grande、安德鲁·霍齐尔·伯恩 | Hozier

2015 埃利·古尔丁 | Ellie Goulding、赛琳娜·戈麦斯 | Selena Gomez、威肯 | The Weeknd

2016 Lady Gaga、布鲁诺·马尔斯 | Bruno Mars、威肯 | The Weeknd

2017 凯蒂·佩里 | Katy Perry、哈里·斯泰尔斯 | Harry Styles

KENDALL JENNER

肯达尔·詹娜

从我还是一个孩子时起，成为维密模特就一直是我的梦想。每一年的维密秀，我都会和好友们一起躺在沙发上，看着节目，梦想着有一天，凭着足够的努力和一点幸运，我也可以和模特们一起站在台上。

当我在妈妈的厨房第一次和时尚摄影传奇罗素·詹姆斯见面时，我才16岁。我那时大概刚脱了牙套，脸上还长着痘痘。

我那时并不可爱。

但罗素却看到了我的潜力，愿意给我一个机会。如果你在想罗素是怎么会在我家厨房的，这还得谢谢我的妈妈。

在此几个月前，妈妈在飞机上碰巧看到CBS一个叫《最佳工作》（Best Jobs Ever）的节目，节目介绍了罗素和他的维密摄影师工作。在节目中，维密的爱德华·拉扎克将罗素称之为"造就维密模特的男人"。妈妈一下飞机就立刻给我打电话，对我说，"肯妮，我找到一个可以帮你梦想成真的人。"

之后妈妈找到罗素的电话号码，和他通了话，请他和我见面。罗素竟然愿意在来洛杉矶的时候和我们一起用晚餐，这充分证明了他的善良和对冒险的热爱！

一起晚餐之后，在我的16—18岁，我基本上都是按着罗素告诉我的去做：去纽约，住进模特公寓，参加面试……总的来说就是努力工作，放低身段，并注意观察。他是我第一个合作的高级时尚摄影师，在他的工作室，他花时间教我他所知道的一切。他还教会我，模特必须懂得接受被拒绝，然后继续勇往直前，不断提升自己的技巧。

在一个行事风格严肃的行业里，罗素就像一股清流。他的作品美丽而原始，完美呈现每一个女人。

他不仅是一个非常有才华的摄影师，而且还很幽默，能够立刻让你放松。

不管有没有拿着他的摄像机，罗素总是知道什么才是最重要的，总是能够顾及全局。就是这样，当我17岁时，妈妈和我飞到澳大利亚，和他一起展开了为期两周的内陆之旅。我不知道自己还能不能找到他带我们到过的遥远内地，但我永远都会记得他让我所领略到的原住民的美丽，景观的梦幻，以及他对慈善和对回馈社区的深深的热情。是他让我看到了我从不知道的人和世界，让我从此知道，在事业中进行回馈的重要性。

当我终于18岁时，我准备好了。罗素从来没有直接告诉过我，但我可以肯定，在他最初向维密推荐我的时候，维密肯定拒绝了他许多次。第一次为维密走秀的那天，是我在人生中所经历过最让人紧张的日子。你可是要向世界展示自己，仅仅穿着内衣的自己啊。

在后台的混乱，紧张和兴奋之中，罗素总是有办法让大家放松，让你放心地笑。每一个人都爱他，信任他，他能够让每个人都觉得自己是特别的，得到重视。

维密的秀台对我来说是儿时梦想的成真。在今天的时尚圈，很多时候你要做的只是到场，展示成衣，就这样而已。在极少情况下，秀场会让你展示你的个性或个人风格。维密秀台却给你机会，让你展示自己：美丽，坚强，动感，性感。这是你自己的时刻，可以展示你所想要展示的自己，让自己的个性闪耀。

回过头看，在时尚圈大多数人都怀疑我的时候，罗素却对我充满信心。我深信，如果没有他的引导和支持，我绝不会到达我今天所在的位置。

恭喜你，罗素……后台见！

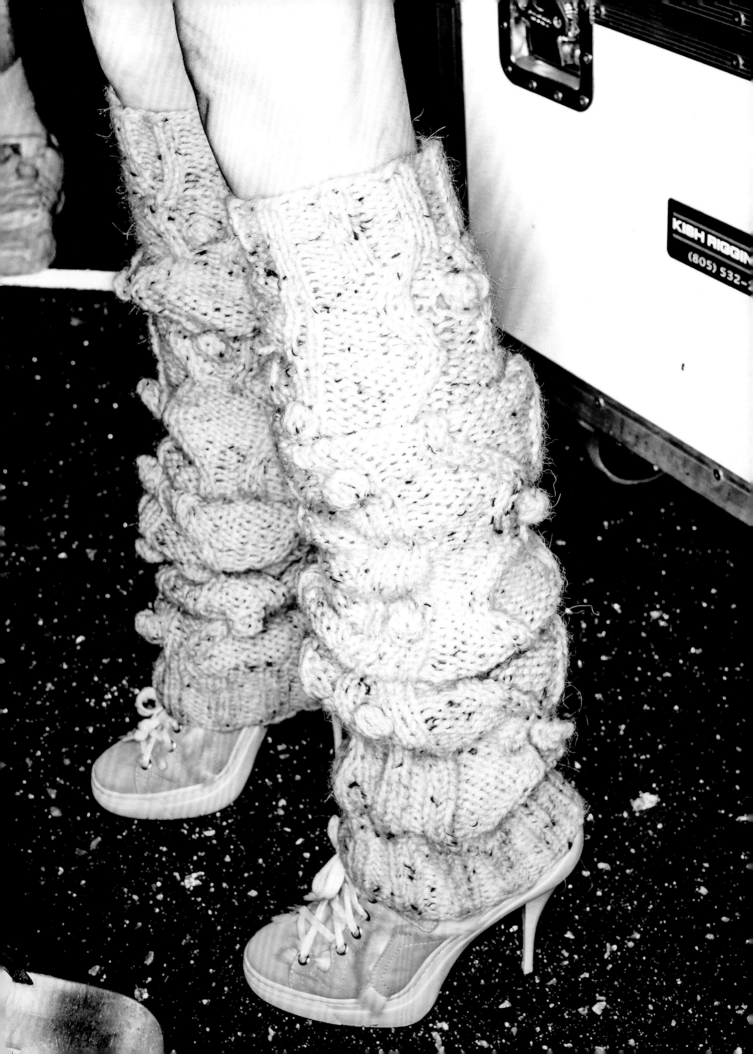

ED RAZEK
爱德华·拉扎克

一切缘起于一个电话。

在20年前，L Brands公司卓有远见的创始人，我的亲密朋友，以及我的老板，莱斯·韦克斯纳 (Les Wexner)给我打电话。他说："艾德，我们有时尚品牌。我们还应该有时尚秀。"

就这样。

我在这之前从没有制作过时尚秀。莫妮卡·米特罗 (Monica Mitro) 现在是我所有秀的合作伙伴，她在此前也没有做过时尚秀。第一场秀在纽约的广场酒店，那场秀说得好听点，有点"凹凸不平"。模特的参加意愿并不强烈，这也不是没有原因的。在这之前从来没有人做过内衣的时尚秀——至少在这种规模上没有——而维多利亚的秘密那时也不是特别出名。最初的那些模特给我们带来了信念的飞跃，我对她们永远心存感激。

那场秀有很多地方原本可以做得更好，我们在耿耿于怀，媒体却非常捧场。他们将我们的小小时尚秀称为"世纪内衣盛事"和"超模的超级杯"。我们这场秀得到全球媒体的报道，并且报道内容都非常正面。那个时候，就在那一刻，我们才第一次觉得我们可能会很成功。

我们在第一年学了很多，灯光，步伐，舞台，结构，时尚，翅膀，发型，化妆，音乐，等等。

我们不断地学习。

维密秀现在需要耗时一年来筹备。这是全球最大的时尚事件。这真的不会停。当年的秀还没开始，我们就开始筹备下一年。维密秀不停地，不断地，一直在激励着我们，让我们着迷，让我们振奋。围绕着维密秀，我们要做上千个决定。如果我们做对了，你可能不会注意得到。但这正正是我们所追求的——天衣无缝。这无关过程。只在乎结果。

维密秀对于模特来说也是一个重大的机遇，让她们能够在唯一的世界级舞台上奠定地位。不知名的模特在走道上呈现突破性表演后变得家喻户晓。不少模特花上数月准备，就为了在选角时表现那么一下下。就在我写本文的时候，我相信有些模特就在健身房里努力。话说回来，选角是这份工作中我最不喜欢的一部分。我真希望她们都能上台。可是不行。

有趣的是，维密秀也成为许多重量级艺人的一个产生重大影响的演出阵地，他们的演出现在是这场秀的一个重要部分。不管你相不相信，我曾经以为没有艺人会想和这些模特一起登台，即使这些模特是最有影响力的走秀模特。我真的觉得这不太可能。然后，贾斯汀·汀布莱克来了！时至今日，我不能想象维密秀可以没有他们。他们喜欢在这场与众不同的活动中表演，他们与模特的互动造就了不少秀场历史上最让人难以忘怀的时刻。

随着维密秀不断成长，观众也在壮大。CBS在15年前成为我们在美国广播的合作伙伴，美国现在是全球190多个播放维密秀国家中之一。现在我们每年在全球范围的观众人数超过10亿，社交媒体则带来超过1500亿的浏览。这的的确确是一件盛事，超乎寻常的盛事。

嗯，莱斯，谢谢你的点子。谢谢你对品牌的愿景和支持。我很庆幸那天接了你的电话！

PLATE LIST 影像列表

洛杉矶，2006

洛杉矶，2006

阿德瑞娜·利玛，纽约，2010

肯达尔·詹娜、坎蒂丝·斯瓦内普尔，纽约，2015

托妮·伽恩，纽约，2011

伦敦，2014

杜晨·科洛斯、卡罗琳·温伯格、吉赛尔·邦辰，洛杉矶，2006

罗梅·埃利斯、莎拉·桑帕约，巴黎，2016

蕾哈娜，纽约，2012

布鲁诺·马尔斯，纽约，2012

洛杉矶，2006

洛杉矶，2006

洛杉矶，2006

迈阿密，2008

贾丝明·图克，巴黎，2016

贝哈蒂·普林斯露，纽约，2011

刘雯，纽约，2010

杜晨·科洛斯、米兰达·可儿、亚历桑德拉·安布罗休，纽约，2012

海蒂·克鲁姆，迈阿密，2008

卡拉·迪瓦伊，纽约，2012

阿德瑞娜·利玛，纽约，2011

莱斯·里贝罗，纽约，2011

海蒂·克鲁姆，迈阿密，2008

琳赛·艾林森，纽约，2012

纽约，2010

杜晨·科洛斯、罗西·汉丁顿·惠特莉，迈阿密，2008

莎拉·桑帕约，巴黎，2016

坎蒂丝·斯瓦内普尔，纽约，2012

玛丽娜·琳查，纽约，2011

杜晨·科洛斯、阿德瑞娜·利玛、卡莉·克劳斯，纽约，2012

亚历桑德拉·安布罗休，纽约，2010

姗兰·克里克，纽约，2011

纽约，2010

纽约，2010

莱斯·里贝罗，纽约，2010

坎蒂丝·斯瓦内普尔，纽约，2010

姗兰·克里克，纽约，2009

爱莉安娜·格兰德、亚历桑德拉·安布罗休、艾德·希兰，伦敦，2014

斯特拉·麦克斯韦，巴黎，2016

杜晨·科洛斯，纽约，2008

莉莉·奥尔德里奇，纽约，2010

洛杉矶，2006

沙妮娜·珊克，纽约，2012　　秦舒培，纽约，2012　　纽约，2012　　玛莎·亨特，伦敦，2014　　斯特拉·麦克斯韦，巴黎，2016　　吉赛尔·邦辰，洛杉矶，2006　　莉莉·奥尔德里奇，纽约，2013　　坎蒂丝·斯瓦内普尔，迈阿密，2008　　罗西·汉丁顿-惠特莉，纽约，2010　　奥拉琪·昂维巴，洛杉矶，2006

洛杉矶，2006　　丽丽·唐纳森、艾尔莎·霍斯卡，纽约，2013　　卡莉·克劳斯，纽约，2011　　贝拉·哈迪德，巴黎，2016　　伊莎贝莉·芳塔娜，纽约，2010　　伊莎贝莉·芳塔娜，纽约，2010　　阿德瑞娜·利玛，迈阿密，2008　　伊莎贝儿·歌勒，洛杉矶，2006

贾丝明·图克、阿德瑞娜·利玛，纽约，2012　　卡罗莱娜·科库娃，洛杉矶，2006　　席尔，洛杉矶，2007　　贝哈蒂·普林斯露，纽约，2015　　迈阿密，2008　　纽约，2015　　坎耶·维斯特，纽约，2011

卡罗莱娜·科库娃，纽约，2010　　伦敦，2014　　斯特拉·麦克斯韦，纽约，2015　　米兰达·可儿、罗西·汉丁顿-惠特莉，洛杉矶，2006　　坎蒂丝·斯瓦内普尔，纽约，2009　　坎蒂丝·斯瓦内普尔，纽约，2009　　Lady Gaga，巴黎，2016　　何穗，纽约，2011

刘雯，纽约，2010　　娜塔莎·波莉，洛杉矶，2006　　琳赛·艾林森，纽约，2009　　阿比·丽·科尔莎，纽约，2009　　阿德瑞娜·利玛，纽约，2003　　卡罗琳·温伯格、贝哈蒂·普林斯露，纽约，2010　　杜晨·科洛斯，迈阿密，2008

坎蒂丝·斯瓦内普尔，纽约，2015　　迈阿密，2008　　莎拉·桑帕约，纽约，2015　　纽约，2010　　吉吉·哈迪德，纽约，2015　　洛杉矶，2007　　纽约，2012

约瑟芬·斯可瑞娃，纽约，2015　　杜晨·科洛斯，纽约，2012　　洛杉矶，2007　　米兰达·可儿，洛杉矶，2006　　阿德瑞娜·利玛，迈阿密，2008　　贝哈蒂·普林斯露，纽约，2012　　卡莉·克劳斯、泰勒·斯威夫特，伦敦，2014　　卡莉·克劳斯、泰勒·斯威夫特，伦敦，2014

罗西·汉丁顿·惠特莉，纽约，2010　布鲁诺·马尔斯，纽约，2012　贝哈蒂·普林斯露、卡莉·克劳斯，纽约，2012　米兰达·可儿，纽约，2011　纽约，2012　何穗，纽约，2012　丽丽·唐纳森，巴黎，2016　亚当·莱文，纽约，2011

亚当·莱文、贝哈蒂·普林斯露，纽约，2013　艾尔莎·霍斯卡，伦敦，2014　纽约，2011　阿德瑞娜·利玛，纽约，2010　纽约，2009　杜晨·科洛斯、贾斯汀·汀布莱克，洛杉矶，2006　莱斯·里贝罗，纽约，2011

纽约，2010　Lady Gaga，巴黎，2016　纽约，2009　玛德莲娜·弗莱克维亚，纽约，2010　莉莉·奥尔德里奇，纽约，2012　刘雯，纽约，2011　贝拉·哈迪德，巴黎，2016　米兰达·可儿，纽约，2009　杜晨·科洛斯、夏奈尔·伊曼，纽约，2009

杜晨·科洛斯，迈阿密，2008　迈阿密，2008　纽约，2009　洛杉矶，2006　杜晨·科洛斯，巴黎，2016　杜晨·科洛斯，纽约，2012　安妮·芙雅利茨娜，纽约，2010

坎蒂丝·斯瓦内普尔，纽约，2015　玛丽娜·琳查，纽约，2011　卡罗莱娜·科库娃，洛杉矶，2007　坎蒂丝·斯瓦内普尔，纽约，2013　安娜·贝琪兹·巴罗斯，迈阿密，2008　阿德瑞娜·利玛，迈阿密，2008　贝哈蒂·普林斯露，纽约，2012

纽约，2010　阿德瑞娜·利玛，迈阿密，2008　纽约，2010　莉莉·奥尔德里奇，伦敦，2014　海蒂·克鲁姆，纽约，2003　琳赛·艾林森，纽约，2010　杜晨·科洛斯，纽约，2009　罗西·汉丁顿·惠特莉，洛杉矶，2006

海蒂·克鲁姆，迈阿密，2008　伊玛努埃拉·保拉、贝哈蒂·普林斯露，纽约，2011　莉莉·奥尔德里奇，纽约，2011　威肯，纽约，2015　赛琳娜·戈麦斯，纽约，2015　吉赛尔·邦辰，洛杉矶，2006　吉赛尔·邦辰，洛杉矶，2006

卡罗琳·温伯格，纽约，2010　阿德瑞娜·利玛，迈阿密，2008　杰西卡·史丹，纽约，2010　何穗，纽约，2011　贝拉·哈迪德、肯达尔·詹娜、吉吉·哈迪德，巴黎，2016　罗西·汉丁顿·惠特莉，洛杉矶，2006　洛杉矶，2006　肯达尔·詹娜、泰勒·希尔，巴黎，2016　亚历桑德拉·安布罗休，洛杉矶，2006

罗西·汉丁顿·惠特莉，洛杉矶，2006　托妮·伽恩，纽约，2011　纽约，2010　肯达尔·詹娜，纽约，2015　琼·斯莫斯，纽约，2015　黑眼豆豆，纽约，2009　蕾哈娜，纽约，2012　妮琪·米娜，纽约，2011

凯蒂·佩里，纽约，2010　芭芭拉·帕尔文、布鲁诺·马尔斯，纽约，2012　爱莉安娜·格兰德，伦敦，2014　Jay-Z，纽约，2011　Lady Gaga，巴黎，2016　赛琳娜·戈麦斯、威肯，纽约，2015　席尔，迈阿密，2008

艾尔莎·霍斯卡、艾德·希兰、亚历桑德拉·安布罗休，伦敦，2014　泰勒·斯威夫特，纽约，2013　安娜·贝琪兹·巴罗斯，迈阿密，2008　奥拉琪·昂维巴，洛杉矶，2003　纽约，2010　玛丽亚·博尔赫斯、泰勒·希尔，巴黎，2016　阿德瑞娜·利玛，纽约，2010

莎拉·桑帕约，巴黎，2016　玛德莲娜·弗莱克维亚，纽约，2012　莱斯·里贝罗，巴黎，2016　莱斯·里贝罗，纽约，2011　杜晨·科洛斯，纽约，2012　纽约，2012　阿德瑞娜·利玛，纽约，2003　米兰达·可儿，迈阿密，2008　纽约，2011

伊莎贝莉·芳塔娜，纽约，2012　伦敦，2014　罗西·汉丁顿·惠特莉，纽约，2010　希拉里·罗达，纽约，2012　茉莉亚·斯黛娜，纽约，2011　琳赛·艾林森，纽约，2010　海蒂·克鲁姆，迈阿密海滩，2008　玛丽亚·博尔赫斯，巴黎，2016

茉莉亚·斯黛娜，迈阿密，2008　米兰达·可儿、坎耶·维斯特，纽约，2011　纽约，2010　阿德瑞娜·利玛、肯达尔·詹娜，巴黎，2016　迪隆，巴黎，2016　赛丽塔·伊班克斯，洛杉矶，2006

威肯、亚历桑德拉·安布罗休、赛琳娜·戈
麦斯、莉莉·奥尔德里奇，纽约，2015 　　纽约，2010 　　迈阿密，2008 　　贾丝明·图克、约瑟芬·斯可
瑞娃，巴黎，2016 　　贝哈蒂·普林斯露、贾斯汀·
比伯，纽约，2012

布鲁诺·马尔斯，纽约，2012 　　蕾哈娜、坎蒂丝·斯瓦内
普尔，纽约，2012 　　纽约，2011 　　吉赛尔·邦辰，
洛杉矶，2006 　　菲姬，纽
约，2009 　　纽约，2010 　　亚历桑德拉·安布罗休、泰勒·希
尔、Lady Gaga、刘雯，巴黎，2016

坎蒂丝·斯瓦内普尔、贝哈蒂·普林
斯露、丽丽·唐纳森，伦敦，2014 　　杜晨·科洛斯、
米兰达·可儿，
纽约，2011 　　纽约，2011 　　纽约，2011 　　莎拉·桑帕约，
纽约，2013 　　罗梅·埃利斯，
巴黎，2016 　　杜晨·科洛斯，
纽约，2012 　　亚历桑德拉·安布
罗休，纽约，2009

莎拉·桑帕约、泰勒·希尔，纽约，2015 　　肯达尔·詹娜，
纽约，2015 　　肯达尔·詹娜、吉吉·哈迪
德，巴黎，2016 　　迈阿密海滩，2008 　　夏奈尔·伊曼，
纽约，2010 　　艾尔莎·霍斯卡、贾斯汀·比伯、
卡拉·迪瓦伊、丽丽·唐纳森、
琼·斯莫斯，纽约，2012 　　坎蒂丝·斯瓦内普
尔，纽约，2012

泰勒·希尔，
巴黎，2016 　　纽约，2009 　　洛杉矶，2006 　　坎蒂丝·斯瓦内普
尔，纽约，2012 　　姗兰·克里克，
纽约，2010 　　莎拉·桑帕约，
纽约，2015 　　妮琪·米娜，
纽约，2011 　　卡莉·克劳斯、贾丝明·图
克，纽约，2012

艾德·希兰，伦敦，2014 　　亚历桑德拉·安布罗
休，纽约，2015 　　迈阿密，2008 　　艾尔莎·霍斯卡，
纽约，2011 　　迈阿密，2008 　　维塔·西多奇娜、贝哈蒂·普林斯
露、莎拉·桑帕约，纽约，2015 　　安妮·芙雅利茨
娜，纽约，2011 　　玛丽莎·米勒，
纽约，2009

罗西·汉丁顿·惠特
莉，纽约，2010 　　纽约，2010 　　杜晨·科洛斯，
纽约，2009 　　玛莎·亨特、斯特
拉·麦克斯韦、约
瑟芬·斯可瑞娃、
贾丝明·图克，
巴黎，2016 　　纽约，2013 　　亚历桑德拉·安布罗
休，纽约，2010 　　纽约，2012 　　艾尔莎·霍斯卡、
莎拉·桑帕约，
巴黎，2016 　　艾尔莎·霍斯卡、
莎拉·桑帕约，
巴黎，2016

伦敦，2014

卡罗莱娜·科库娃，纽约，2010

卡莉·克劳斯，纽约，2013

纽约，2009

纽约，2010

亚历桑德拉·安布罗休，纽约，2012

洛杉矶，2006

约瑟芬·斯可瑞娃、奚梦瑶，纽约，2015

凯蒂·佩里，纽约，2010

吉赛尔·邦辰，洛杉矶，2006

杜晨·科洛斯，迈阿密，2008

罗西·汉丁顿·惠特莉，纽约，2009

卡拉·迪瓦伊，纽约，2012

阿德瑞娜·利玛，纽约，2012

海洛伊丝·盖琳，纽约，2010

坎蒂丝·斯瓦内普尔，纽约，2012

坎蒂丝·斯瓦内普尔，纽约，2012

伦敦，2014

伦敦，2014

罗素·詹姆斯、拉斯·奥丽维拉、芭芭拉·菲亚略、弗莱维娅·卢奇尼、祖丽·蒂比，巴黎，2016

纽约，2010

RUSSELL JAMES

罗素·詹姆斯

从我出版第一本作品到现在，我总是会直接走到家严面前，获得诚恳，坦率的批判性评论。通常我们会有这样的对话：

"妈妈，你觉得怎么样？"

"嗯，儿子，这些女孩儿看起来很美。"

"妈妈，你说得好像有点迟疑。有什么问题吗？"

"没有没有，儿子，没有问题。我只是在想……"

"你在想什么呢？"

"我只是在想，她们开心吗？"

"她们都开心的啊。她们肯定都非常开心。"

"哦，我这么问是因为她们看起来很严肃，所以我才想她们开不开心。她们很美，儿子。"

现在，我终于接受挑战，用这本书来回答我母亲最初的担忧："女孩儿们开心吗？"自2001年以来，我有幸可以自由进出这一世界上最盛大的时尚秀，我得做点什么。就像白宫的长聘保洁员，我好像成为了背景的一部分，没有人注意到我。家具和我之间的唯一差别，在于我始终背着照相机。

当人们和我说到维多利亚的秘密时尚秀时，他们通常说的都是世上最美的女人穿着单薄的性感内衣走秀，或者是嵌有百万美元钻石的天使羽翼。大家通常不会说到，来自遥远澳大利亚西部海岸的一个人（在风华正茂的14岁就被踢出高中学校）是怎样为世界上最盛大的时尚秀——维多利亚的秘密时尚秀——拍出最不加修饰的一系列摄影。

有条件的话，教育总是达到目标的最好路径。如果有机会，我诚恳地建议你去上学。但我错过了最初的机会。在我上高二的时候，学校的校长要开除我。幸运的是，我的父母没有生我的气，只是跟我说："儿子，找份工作吧。"

接下来的十五年里，我做过各种工作，沉迷于各种爱好——有时候，我的工作也是我的爱好。我做过生产垃圾箱的流水线工人，之后又转行做驯狗师，工厂保洁员，警察，战术反应队员，在创办我自己的模特经纪公司之前甚至还短暂地做过男模。最后的这一份工作终于让我发现了我的真正热情：摄影。

那时候，我还不知道，如果没有做过这些杂七杂八的工作，我的摄影师生涯将远不会有今天这样的发展。作为驯狗师，我学会了非

语言沟通和肢体语言重要的细微之处。当警察的经历则让我能够沉着冷静地走进大制作的混乱之中。这些场面的混乱程度简直与罪案现场有一拼，保持冷静，观察所有细节才能最终看到全局。我所学到的最重要的东西，则是和共事的人营造诚实，直接的联系。确立人与人之间的信任为我的生活带来了最珍贵的东西：有意义的友谊。我相信这对我的摄影和作品都深有影响。

我出版《后台秘密》一书，是因为我想其他人感受到在摄影机开始工作之前人们的激烈情感和所付出的巨大努力。我想传达"白宫保洁员"的感受。因为我和维密品牌，天使，制作人，创作人和许多其他相关人员真实和持久的关系，我才有幸窥探这个年度全球盛事。我和这场秀的许多模特有多年的合作。很多时候，我看着她们成长，结婚（有时候是离婚），成为母亲，建立她们的帝国，退居无人知晓的领域，或走上其他道路。我亲眼目睹有些人跌倒——真的在台上跌倒以及在事业上跌倒——又马上重新站起来。

发生在后台不为人知的事情和发生在台前，全世界都看到的表演至少是一样重要的。因为可以进入后台，我有机会窥探到真实的故事。并且，每一年的地点都完全不一样，混杂着新旧的面孔，是一块帆布盖着的新地面，等待你去发掘。

这是我之前幸运做过的工作和获得的技能派上用场的地方。如果我是刚从艺术学校出来的毕业生，我可能会被T型台上的步伐，能量的疯狂释放和无尽的摄影可能性所淹没。

在2016年，当我提前几天到达巴黎大皇宫，我所做的第一件事情就是在场地中心的地面上躺下。我仰望着令人陶醉且沉积了历史的结构。我让自己吸收建筑的重量和历史。我掐了掐自己，想我怎么会得到这种难能可贵的机遇。在这个时候，我让自己思考将揭示全景的无数小时刻。这让我有可能知道我应该在什么时候出现在哪里。所有这些微小而私密的时刻加总起来，就化成了整个体验。在任何秀的第一天，我都会把时间花在寻找台前到幕后，再从幕后回到台前的路径，反反复复，从发型和化妆间到音乐艺人的更衣室，我要走过模特们有可能身处的任何位置，直到我闭着眼也能找到这些位置。这是因为，在演出的当天，我会被卷入混乱之中，我必须知道自己所在的准确位置。这让我能够比较准确地预计哪里会有真的行动，虽然只是提前几秒钟。

这么多年以来，我见证了词汇"超模"演化成新的黄金标准"维密模特"。我从来不理所当然地认为就应该是我从内部目睹这一转变。我深知我最幸运地成为一间迷人密室里的保洁员。

我对模特们无比尊敬，并且对她们得以参与维密秀的付出感到钦佩。维密秀的天使好比赛场上的顶级运动员。她们努力地工作，为了短暂的一刻，长年不懈训练，哪怕当选的概率是如此低。成为维密模特通常是模特们事业上最风光的时刻（许多人告诉我，这甚至是她们人生最辉煌的时刻）。她们就好比是世界冠军，但也像运动员们一样，只能单枪匹马地进入赛场，没有任何依靠。

后台也是一个充满矛盾的地方：

珍贵的友谊诞生在最激烈的竞争中；举世无双的全球曝光，伴随着对私密的渴望；脆弱与强大同行；信心和不安比肩。

作为摄影师，我的目标在于与我所拍摄的对象获得心灵相通，哪怕只有几秒。模特和其他人一样，工作和交流的方式各不相同。我的工作在于创造摄影机会，捕捉每一个镜头。

时至今日，在世界所有品牌中，维密有着最大范围的社交媒体影响。在走秀的当天，与维密社交媒体互动的总用户人次超过10亿。这在时尚界，或甚至流行文化圈中都完全无可匹敌。社交媒体的兴起以及其所带来的人人手中都有一部相机的现象的确很赞。但具有讽刺意味的是，这让我发现，建立在互信和直觉上的真正发现是无可替代的。

我无法告诉你，是什么使得这些模特对我如此信任，甚至让我分享她们最脆弱的时刻，但我知道我极度重视她们对我的信任。可以肯定的是，能够真正地与她们所受到的巨大压力和苛刻审视产生共情，促进了她们对我的信任。

有时候，越到达生物链的上层，你越会感到不安。在我自己事业生涯的这么多年里，我也有那么几天对自己说，我不属于这里，我配不上我的队友，我要丢脸了。我不得不学会控制这些想法，继续做我的工作。模特们的心路历程，我完全可以想象。

我记得在维密秀刚开始的时候，业界对于内衣品牌的时尚秀将信将疑。14岁就在工厂当工人的我，却抑制不住为处于劣势者鼓劲。在本书出版的今年，维密秀的表演地选在中国上海，其规模之大超出众人想象，无可争议地被称为"世界上最盛大的时尚秀"。

所以说，妈妈，我最大的支持者，回到最初的问题，我希望这本书的影像终于回答了我们之间还存在的疑问。你以那么多的爱来支持我，我把这本书献给你，并高声大喊：

"女孩们都很开心。"

ACKNOWLEDGEMENTS
致　谢

莉莉奥尔德里奇、亚历山大安布罗休、安娜贝琪兹巴罗斯、贾斯汀·比伯、玛丽亚·博格斯、斯库特·布劳恩（Scooter Braun）、卢多·布罗克韦（Ludo Brockway）、米洛·布罗克韦（Milo Brockway）、吉赛尔·邦辰、克莉丝汀娜·伯恩斯（Christina Burns）、蔡珂（Clark Cai）、黑眼豆豆、安德里亚·卡尔森（Andrea Carson）、斯蒂芬妮·塞拉亚（Stephanie Celaya）、全义连（Elle Chyun）、安娜·克拉克（Anna Clarke）、海伦·克拉克（Helen Clarke）、萨姆·考克斯（Sam Cox）、卡拉·迪瓦伊、迪隆、丽丽·唐纳森、段鲲（Kathy Duan）、赛丽塔·伊班克斯、琳赛·艾林森、艾伯通（Dirk Eschenbacher）、菲姬（Fergie）、伊利亚斯·费亚卡（Ilias Fiakka）、梅勒妮·弗莱彻（Melanie Fletcher）、伊莎贝莉·芳塔娜、阿里·弗兰科（Ali Franco）、玛格达莱娜·弗兰科（Magdalena Franco）、亚当·弗兰兹诺（Adam Franzino）、Lady Gaga、托妮·伽姆、霍华德·高曼（Howard Goldman）、赛琳娜·戈麦斯、伊莎贝儿·歌勒、爱莉安娜·格兰德、伊塔洛·格雷戈里奥（Italo Gregorio）、贝拉·哈迪德、吉吉·哈迪德、哈米什·汉密尔顿（Hamish Hamilton）、德鲁·哈罗（Drew Harrow）、贺云波（David He）、何穗、玛丽安·赫尔曼（Marianne Hermin）、泰勒·希尔、凯思琳·霍伯格（Kathrin Hohberg）、艾尔莎·霍斯卡、玛莎·亨特、罗西·汉丁顿 - 惠特莉、夏奈尔·伊曼、本杰明·耶格尔（Benjamin Jäger）、肯达尔·詹娜、迈克·哲克瓦（Mike Jurkovac）、米兰达·可儿、阿比·丽·科尔莎、卡莉·克劳斯、海蒂·克鲁姆、彼得·奈尔（Peter Knell）、杜晨·科洛斯、卡罗莱娜·科库娃、乔伊斯·兰尼根（Joyce Lanigan）、亚当莱文、阿德瑞娜利玛、玛丽娜琳查、马晓飞（Michael Ma）、雅拉·马里亚诺（Jarah Mariano）、布鲁诺·马尔斯、斯特拉麦克斯韦、玛丽莎·米勒、妮琪·米娜、莫妮卡·米特罗（Monica Mitro）、杰罗尼莫·德·莫赖斯（Jeronimode Moraes）、蒂姆·奥马利（Tim O' Malley）、奥拉琪·昂维巴、特雷弗·奥斯利（Trevor Owsley）、芭芭拉·帕尔文、伊玛努埃拉·德·保拉、凯蒂·佩里、娜塔莎·波莉、贝哈蒂·普林斯露、秦舒培、奇普·奎格利（Chip Quigley）、阿龙·拉斯金（Aaron Raskin）、爱德华·拉扎克、格雷格·伦克（Greg Renker）、瑞恩·伦克（Ryan Renker）、史黛丝·伦克（Stacey Renker）、希拉里·罗达、莱斯·里贝罗、蕾哈娜、安娜·玛丽·里兹埃瑞（Ana Marie Rizzieri）、萨拉·桑帕约、施特弗·舒尔茨（Steff Schulze）、席尔、沙妮娜·珊克、大卫·夏皮罗（David Shapiro）、艾德·希兰、约瑟芬·斯可瑞娃、查理·史密斯（Charlie Smith）、露西·史密斯（Lucy Smith）、杰西卡·史丹、茱莉亚·斯提格勒、艾恩·史都华（Ian Stewart）、罗梅·埃利斯、坎蒂丝·斯瓦内普尔、泰勒·斯威夫特、弗兰克·塔尔塔利亚（Frank Tartaglia）、伊莱恩·托姆特（Elaine Thomter）、埃米莉·托姆特（Emily Thomter）、汉娜·托姆特（Hannah Thomter）、哈利·托姆特（Harry Thomter）、伊瓦尔·托姆特（Ivar Thomter）、萝拉·托姆特（Lola Thomter）、默里·托姆特（Maree Thomter）、雪莉·托姆特（Shirley Thomter）、贾斯汀·汀布莱克、贾丝明·图克、克莱门斯·J.维德（Clemens J. Vedder）、安妮·芙雅利茨娜、扎卡里·沃尔德曼（Zachary Waldman）、王丽婧（Ariel Wang）、威肯、刘雯、莱斯·韦克斯纳、凯思琳·怀特（Kathryn White）、迈克尔·威廉姆斯（Michael Williams）、德文·温莎、卡洛琳·温伯格、奚梦瑶、薇琪·杨（Vicky Yang）、Jay-Z、蒂娜·扎巴雷（Tina Zarbaliev）